上海市工程建设规范

城市设计编制标准

Standard for urban design

DG/TJ 08—2402—2022
J 16394—2022

主编单位：上海市城市规划设计研究院
批准部门：上海市住房和城乡建设管理委员会
施行日期：2022 年 7 月 1 日

U0349711

同济大学出版社

2023　上海

图书在版编目(CIP)数据

城市设计编制标准／上海市城市规划设计研究院主
编. —上海：同济大学出版社，2023.10
ISBN 978-7-5765-0857-4

Ⅰ. ①城… Ⅱ. ①上… Ⅲ. ①城市规划－建筑设计－
编制－标准 Ⅳ. ①TU984

中国国家版本馆 CIP 数据核字(2023)第 120220 号

城市设计编制标准

上海市城市规划设计研究院　主编

责任编辑　朱　勇
责任校对　徐春莲
封面设计　陈益平

出版发行　同济大学出版社　　www.tongjipress.com.cn
　　　　　(地址：上海市四平路 1239 号　邮编：200092　电话：021－65985622)

经　　销　全国各地新华书店
印　　刷　浦江求真印务有限公司
开　　本　889mm×1194mm　1/32
印　　张　1.125
字　　数　30 000
版　　次　2023 年 10 月第 1 版
印　　次　2023 年 10 月第 1 次印刷
书　　号　ISBN 978-7-5765-0857-4
定　　价　20.00 元

上海市住房和城乡建设管理委员会文件

沪建标定〔2022〕102 号

上海市住房和城乡建设管理委员会
关于批准《城市设计编制标准》为上海市
工程建设规范的通知

各有关单位：

由上海市城市规划设计研究院主编的《城市设计编制标准》，经我委审核，现批准为上海市工程建设规范，统一编号为 DG/TJ 08—2402—2022，自 2022 年 7 月 1 日起实施。

本标准由上海市住房和城乡建设管理委员会负责管理，上海市城市规划设计研究院负责解释。

上海市住房和城乡建设管理委员会

2022 年 2 月 15 日

前 言

根据上海市住房和城乡建设管理委员会《关于印发〈2016 年上海市工程建设规范编制计划〉的通知》(沪建管〔2015〕871 号)要求,上海市城市规划设计研究院在深入调研、认真总结实践经验,并广泛征求意见的基础上,制定本标准。

本标准的主要内容有:总则;术语;基本规定;编制类型;框架性城市设计;实施性城市设计。

各单位及相关人员在执行本标准过程中,如有意见和建议,请反馈至上海市规划和自然资源管理局(地址:上海市北京西路99 号;邮编:200003;E-mail:guihuaziyuanfagui@126.com),上海市城市规划设计研究院(地址:上海市铜仁路 331 号;邮编:200040;E-mail:contact@supdri.com),上海市建筑建材业市场管理总站(地址:上海市小木桥路 683 号;邮编:200032;E-mail:shgcbz@163.com),以便今后修订时参考。

主 编 单 位:上海市城市规划设计研究院

主要起草人:张　帆　赵宝静　葛　岩　金　山　沈　璇　　　　　　　李　锴　骆　悰　黄轶伦　韩露菲

主要审查人:伍　江　叶贵勋　沈　迪　张　宇　沙永杰　　　　　　　沈志红　张　浪

上海市建筑建材业市场管理总站

目　次

Contents

1 总 则

1.0.1 为进一步加强上海市城市设计编制水平,提升城市空间环境,优化城市功能,推动高质量发展,创造高品质生活,依据《中华人民共和国城乡规划法》《城市设计管理办法》,结合本市城市设计编制工作实际情况,制定本标准。

1.0.2 本标准适用于本市范围内单独编制的各类城市设计,以及其他规划设计中的城市设计部分。

1.0.3 城市设计编制除符合本标准外,尚应符合国家、行业和本市现行有关标准的规定。

2 术 语

2.0.1 城市形态 urban form

城市形态是由开放空间和公共空间等要素组成的空间形态和由建筑、市政等要素构成的实体形态组合而成。城市形态通过开放空间、街坊、地块和建筑物的形态秩序建立城市风貌景观,通过整合不同的空间要素和实体要素创造城市活力和特色。城市形态是政治、经济、社会条件下,由规划、设计、开发和公共政策共同影响形成的产物。

2.0.2 城市景观 urban scape

城市景观是由人工与自然共同构成的城市景象。

2.0.3 公共空间 public space

公共空间包括街道、广场、公园、绿地、公共运动场地等具有公共产权和公共使用权的外部空间,以及车站、博物馆或公共内院以及联廊等其他具有公共价值的空间领域。公共空间应具有可达性、开放性和公共性。

2.0.4 开放空间 open space

开放空间是向市民开放的城市公共领域,以及绿地、水面等大型生态空间,是作为城市美化和日常健康生活的重要场所。

3 基本规定

3.0.1 城市设计应与国土空间总体规划、近期建设规划、单元规划、控制性详细规划相衔接,与各类专项规划相协调。

3.0.2 城市设计应遵循规划管理、建筑设计、街道设计、园林景观、地下空间等方面的相关专业规范、标准与技术规定,或结合实际问题进行实施方案研究,提出执行建议。

3.0.3 城市设计应采用符合国家和上海有关规定的基础资料。

3.0.4 城市设计应符合城市发展目标,落实规划导向。

3.0.5 城市设计应统筹协调相关政府部门、开发主体要求,充分了解公众需求,践行公众参与,体现公众意愿,保障公众利益。

3.0.6 城市设计应明确具体设计要求,并与建设实施进行衔接。

3.0.7 城市设计应遵循"坚持以人为本,营造宜居都市;传承历史文脉,塑造时代风貌;践行绿色低碳,提升环境品质;激发城区活力,促进经济繁荣;注重切实可行,衔接实施管理"的基本原则。

4 编制类型

4.0.1 城市设计可分为框架性城市设计和实施性城市设计两种类型：

1 框架性城市设计是对城市建成环境进行的框架条件设计,研究制定城市空间发展的定位和目标愿景,提出相应的景观风貌设计策略,并形成总体设计方案,为下层次相关工作提供指引。

2 实施性城市设计是与开发建设衔接较为紧密的一个或数个街坊进行的方案设计,旨在落实上位规划设计要求,对接开发诉求,协调建设条件,支撑精细化规划管控,指导高品质开发建设实施。

4.0.2 城市设计编制内容、深度应与编制类型、范围规模、对象特点、建设需求相适应,应针对实际情况确定具体设计内容和表达方式,鼓励新技术、新方法的应用。

5 框架性城市设计

5.1 一般规定

5.1.1 框架性城市设计应聚焦结构性、网络性、关键性及典型性设计内容，在形成稳定空间框架基础上，为后续建设实施留有弹性。

5.1.2 设计组织单位应开展设计条件研究，结合设计任务书明确任务要求。

5.1.3 设计任务书应明确设计范围，并在此基础上适度扩展形成研究范围。

5.1.4 主要设计内容应包括基础研究、目标策略、总体方案、设计深化及实施衔接。应视设计对象具体情况确定设计内容与深度。

5.1.5 设计成果应包括设计说明、图集、模型：

    1 设计说明应通过图片与文字对设计内容进行表达。

    2 图集应采用适宜比例尺对主要图纸进行展示。

    3 设计成果宜通过实体模型和计算机三维模型相结合的方式进行展示。

5.1.6 框架性城市设计在管控要求方面应为后续设计深化留有弹性。

5.2 基础研究

5.2.1 应对自然生态环境、景观资源与环境要素进行分析评判。

5.2.2 应梳理历史沿革、发展脉络与空间形态演变历程，明确人文历史方面的物质与非物质保护对象要素及相应保护要求。

5.2.3 应对现状土地权属、空间形态、景观风貌、交通组织、功能格局、既有建筑特征等方面进行详细调研与系统分析,了解建设动态。

5.2.4 应对相关规划研究、城市设计、建筑与景观设计方案进行收集、分析与解读,对相关政策进行综合分析。

5.2.5 应对居民、就业者、游客等各类现状及目标人群的活动特征与需求进行分析研究。

5.2.6 应对地区发展的优势以及面临的问题、机遇与挑战进行综合分析。

5.2.7 应开展功能策划,形成功能定位、功能配比和具体业态建议。

5.2.8 应选取国内外相关案例进行研究,总结相关经验。

5.3 目标策略

5.3.1 应结合上位规划、发展要求、地区禀赋,对建设区总体定位、发展目标与愿景进行策划。

5.3.2 应结合具体发展条件,形成设计策略体系。

5.4 总体方案

5.4.1 应统筹协调功能布局、交通设施、公共空间、建筑形态、生态环境等方面的结构性要素,布局中心体系,组织空间廊道,划分功能与风貌片区,塑造具有引领性与适应性的空间结构。

5.4.2 应统筹安排空间利用,明确及优化功能布局,引导工作、居住、生活等功能有序布局与混合。功能布局主要内容应包括:

    1 明确各片区主导及配套功能。

    2 布局主要公共服务设施。

3 进行用地功能混合引导,明确典型类型基本混合比例要求及优化方向。

4 明确主要节点与廊道沿线功能业态布局要求。

5.4.3 应构建景观风貌体系,明确城市空间意象与风貌特色,主要内容应包括:

1 划分景观风貌分区,明确各分区核心风貌特征。

2 优化建成区与开放空间关系。

3 进行空间高低分区,提出空间景观构架与开发规模、强度方面的空间指引,确定天际轮廓线。

4 布局地标与组织景观视廊。

5 明确空间类型以及相应特征。

6 对建筑形象、第五立面提出引导性要求。

5.4.4 应构建地区公共空间体系,组织公共活动,主要内容应包括:

1 明确公共空间的基本层次与类型。

2 明确主要公共空间布局,组织与优化基本空间网络。

3 明确典型公共空间类型及设置要求。

4 明确特定公共空间建设及改造提升要求。

5.4.5 应构建与优化地区交通系统,进行交通组织,主要内容应包括:

1 明确交通发展策略。

2 组织与优化道路网络,明确与优化道路规模,布局交通设施。

3 优化交通流线,协调机动车、非机动车以及步行交通。

4 协调公共交通通道与站点设置。

5 提出静态交通策略,布局重要公共停车场。

6 确定重要街道断面形式,提出一般街道断面建议。

5.4.6 应针对重点街道开展街道设计,明确街道类型与街道定位,统筹空间景观、公共活动与交通组织。

5.4.7 应构建与完善自然生态环境,优化开放空间布局,增进生物多样性,优化风环境、水环境、声环境、热环境等环境要素,考虑防灾抗险,提升空间环境的安全性、生态性与舒适性。

5.4.8 可结合项目特点与需要,研究地下空间开发利用,主要内容应包括:

1 研究主要地下设施空间布局与建设要求以及海绵城市建设的地下空间需求。

2 研究地下交通设施与地块地下空间的连通要求及形式。

3 研究地下空间建设实施、管理运营维护模式类型。

4 研究地上地下空间的空间衔接与功能衔接形式。

5 研究地下空间与人防工程的功能衔接要求。

5.5 设计深化

5.5.1 可对重要区段及重要功能、空间、交通节点进行设计深化,形成详细设计方案。

5.5.2 可对典型肌理与景观环境类型进行设计深化,形成设计指引。

5.6 实施衔接

5.6.1 应明确需进行城市设计深化的重点地区,划分实施单元,针对各个单元提出深化设计目标与要求。

5.6.2 应提出建设实施的时序安排建议。

5.6.3 可就开发建设机制与政策配套等方面提出相应建议。

6 实施性城市设计

6.1 一般规定

6.1.1 实施性城市设计应通过统筹各类建设项目与设施的空间形态、开放空间、功能布局、交通组织、景观形象,协调地块开发诉求与城市公共领域空间环境要求,明确各项目建设条件与衔接要求。

6.1.2 设计组织单位应开展设计条件研究,明确开发容量、功能配比、空间形态、景观形象、交通组织等方面的设计条件与任务要求。

6.1.3 主要设计内容应包括分析研究、空间方案、系统设计、实施衔接。应视设计对象具体情况确定设计内容与深度。

6.1.4 设计成果应包括方案图、分析图、设计说明、实体及计算机三维模型。

6.2 分析研究

6.2.1 应梳理相关规划及规范要求,解读设计条件。

6.2.2 应分析场地条件及周边景观风貌特征,梳理功能、空间、交通、景观衔接要求。

6.2.3 应研究设计范围及周边空间环境使用者构成,以及其活动特征与需求。

6.3 方案设计

6.3.1 应统筹公共空间环境品质提升需求与地块开发建设诉

求,形成空间方案,确定各建筑设施的位置、高度、形体轮廓以及公共开放空间规模与形态,完善周边街区空间格局。

6.3.2 建筑形体塑造应落实上位城市设计景观风貌要求与符合建筑布局类型要求,在对重要节点进行视线分析基础上,对各类地标建筑、标志物与景观廊道进行组织,并与建筑类型、建设实施相协调。

6.3.3 应依托实体建筑,界定街道、广场、绿地、庭院、通道等各类开放空间,对主要空间进行功能分区,确定地块及建筑主要出入口,合理组织公共区域的交通流线。

6.3.4 应统筹协调地块使用需要与街区活动组织,结合空间形态进行功能布局,明确各部位主要用途,明确建筑首层等重要部位的业态要求。

6.3.5 应根据慢行友好、公交优先、开放共享的原则组织街区交通系统,协调各种交通方式,衔接周边交通网络,有序组织到发交通与静态交通。

6.3.6 应充分协调地上地下空间关系,衔接功能设施,提出空中步行系统与地下空间的设计与建设要求。

6.3.7 应对消防、人防、日照等要求进行统筹协调。

6.3.8 可对建筑外立面材质、色彩、风格样式、构图及开放空间环境设计提出引导性要求。

6.3.9 景观环境设计应明确场地整体环境风貌特色与景观风貌要素,对各类绿化、铺装、夜景照明等环境设施的形式、位置等设计与设置提出引导性要求。

6.3.10 应结合城市建成环境相关元素设计,落实历史建筑保护与周边风貌协调等风貌保护要求。

6.3.11 应结合日照、风环境、热环境等分析,优化空间形态,提升环境舒适性,积极应对气候变化所带来的负面影响。

6.4 实施衔接

6.4.1 应面向建设实施明确控制性与引导性要求,控制性要求应区分刚性与弹性控制要求。

6.4.2 应对接与协调相关政府部门管理要求和实施主体开发建设诉求,衔接法定规划与建设工程设计方案。

6.4.3 应提出建设实施时序与机制保障建议。

本标准用词说明

1 为了便于在执行本标准条文时区别对待,对要求严格程度不同的用词说明如下:

1)表示很严格,非这样做不可的用词:

正面词采用"必须";

反面词采用"严禁"。

2)表示严格,在正常情况下均应这样做的用词:

正面词采用"应";

反面词采用"不得"。

3)表示允许稍有选择,在条件许可时首先应这样做的用词:

正面词采用"宜";

反面词采用"不宜"。

4) 表示有选择,在一定条件下可以这样做的用词,采用"可"。

2 标准条文中指明应按其他有关标准、规划执行时,写法为"应按……执行"或"应符合……的规定"。

上海市工程建设规范

城市设计编制标准

DG/TJ 08—2402—2022
J 16394—2022

条 文 说 明

2023　上海

目　次

Contents

1 总　则

1.0.1　《中共中央国务院关于进一步加强城市规划建设管理工作的若干意见》提出，要"提高城市设计水平""鼓励开展城市设计工作，通过城市设计，从整体平面和立体空间上统筹城市建筑布局，协调城市景观风貌，体现城市地域特征、民族特色和时代风貌"，并且明确指出需要"抓紧制定城市设计管理法规，完善相关技术导则"。2017年6月1日住建部发布《城市设计管理办法》（住房和城乡建设部令第35号），进一步明确城市设计相关工作要求。

自改革开放以来，我市开展了大量城市设计工作，有效指导了城市规划建设管理工作。为了落实中央相关工作要求，进一步明确城市设计编制工作的基本目标原则、技术要求，规范城市设计编制和管理，使城市设计能够更好地与现行的城乡规划体系相衔接，根据国家和上海市的有关规定，结合本市城市设计工作开展的实际情况和需求，制定本标准。

1.0.2　随着城市设计工作的广泛开展，城市设计的对象和形式日趋多样。目前除了单独编制的城市设计以外，各类城市规划中也会包含部分城市设计相关内容。因此，本标准的适用对象既包括单独编制的各类城市设计，也包括其他规划设计中的城市设计部分。

1.0.3　本标准为上海市地方标准，还应执行国家、行业及本市有关标准、规范。当国家、行业、本市的有关标准、规范有修订版或新版时，应按修订版或新版规定执行。

3 基本规定

3.0.1 城市设计作为技术方法,应落实上位法定规划要求,为同位或下位法定规划提供技术支撑。应以城市设计为平台,对相关专项规划内容进行协调。

3.0.2 随着城市规划建设要求的日益提升,既有各类专业规范、标准与技术规定中部分内容与营造城市空间环境品质的目标之间的矛盾也逐渐凸显。可在结合城市设计就设计方案实际问题进行专项研究,协调相关要求,形成实施方案,并将相关规定纳入法定规划,保障建设实施。

3.0.5 应结合项目实际情况采用恰当的形式组织利益相关方参与。

3.0.7 城市设计编制应遵循的基本原则,主要基于以下考虑:

　　1 社会方面:城市设计应从人的尺度、活动特征和体验需求出发,鼓励多元化与多样化,营造安全健康、高效便捷、舒适宜人的高品质空间环境,增进社会和谐,提升市民幸福感和归属感。

　　2 文化方面:城市设计应保护人文历史遗产,传承地域特征,融入时代特色,彰显城市风貌,体现海纳百川、追求卓越、开明睿智、大气谦和的上海精神。

　　3 环境方面:城市设计应促进绿色低碳的生活方式,形成资源集约利用、生态友好、生活舒适的城区环境,满足可持续发展要求。

　　4 经济方面:集约节约利用土地,优化各类空间设施布局,合理确定多样性与密度,增进交往交流,提升土地价值,促进经济长效发展。

5 实施方面:设计成果应与既有规划编制管理实施机制相协调,与开发建设机制、时序相协调,与城市有机更新相协调,兼顾精细化设计管控与实施弹性。

4 编制类型

4.0.1 对于上海市域总体城市设计,总体城市规划层面已有考虑。框架性城市设计作为一种编制类型,其编制对象包括郊区、新城、功能区、新市镇、规划单元等。实施性城市设计则以整体开发建设地区、更新街区、重要公共开放空间及周边等为编制对象。

4.0.2 本标准制定过程中,对国家、行业及本市发布的各类城市设计技术标准和管理规定进行了研究,对本市大量的城市设计工作成果展开了分析,并尽可能使得本标准中关于城市设计的分层有利于指导编制内容和深度。

考虑城市设计的形式多样,是一项极具"创造性"的设计工作,也是一项"问题导向"的定制式工作,本标准为本市各类城市设计的编制提供原则性的指引,明确"底线"要求,鼓励城市设计工作的多样化和创造性。

5 框架性城市设计

5.1 一般规定

5.1.1 结构性设计内容是对城区空间结构以及功能、空间、交通等系统中对空间结构具有显著影响的要素的设计；网络性设计内容是指针对路网、水网、绿网等具有贯通成网要求的设计对象的设计；关键性设计内容是指对大型开放空间、重要设施、核心地标等重要对象的设计；典型性设计内容是指对典型街坊类型、典型道路断面等对象类型的设计。

5.1.2 设计任务可包括场地特征、上位目标、城市肌理、景观风貌、公共空间、综合交通、功能布局、生态环境等方面内容，并在前期研究基础上，提出基本空间结构等设计要求。

5.1.3 通过扩大范围研究，可保证规划范围内外功能、空间、交通等方面的衔接。

5.1.5 框架性城市设计成果形式多样，建议采用图文并茂的形式表达研究内容、分析过程、规划思路和设计成果。具体表达方式可根据实际情况进行确定，但以简洁、易懂、便于落实深化为根本原则。考虑城市设计成果表达的多样性，本标准不对具体成果形式进行约束。

5.2 基础研究

5.2.1 自然生态环境景观资源主要包括河流水系、地形地貌、植被等；环境要素主要包括风向、日照、噪声等条件。

5.2.2 物质保护对象主要包括历史文化街区、历史文化风貌区、风貌保护街坊、风貌保护道路、风貌保护河道、各类保护及保留历史建筑等;非物质保护对象主要包括生活传统、民俗活动、重大节日、固定集会及传说典故等。

5.2.3 空间形态主要包括形象地标、典型空间类型、图底关系等;既有建筑特征主要包括建筑年代、质量、功能等。

5.2.4 相应规划研究主要包括城市国土空间总体规划、控制性详细规划、城市综合交通规划、历史文化风貌保护规划、公共开放空间规划、产业布局规划等法定规划与专项规划等。相关政策主要指规划、土地、产业、财税等方面涉及城区开发规划建设的政策。

5.2.7 功能策划应考虑城市功能的多样性与适应性,为地区发展面临的不确定性留有余地。

5.3 目标策略

5.3.1 发展目标可包括总目标以及功能、建筑形态、开放空间、交通等系统的子目标共同组成的目标体系。城市设计进行的目标策划可作为相关法定规划的参考。

5.3.2 设计策略体系应能够对发展目标提供有力支撑,应与地区优势、问题、机遇与挑战相呼应,并通过后续设计内容加以贯彻。

5.4 总体方案

5.4.1 宜形成中心、廊道体系与片区划分。空间结构应包括对于三维城市空间的考虑。

5.4.3 地标布局与景观视廊组织包括结合景观廊道与开放空间布局主要地标,以及结合主要地标、自然与人文景观,组织景观廊道。景观风貌分区应考虑环境风貌区。空间特征主要包括与之对应的建筑组群在高度、密度、布局方式、界面连续度等方面的特征。针对建筑形象的引导性要求主要包括建筑材质、色彩、风格、屋顶样式等。

5.4.4 公共活动组织应依据公众行为特征和活动需求,充分考虑居民、工作者、访客等不同人群以及商业、文化、休闲、社区生活等不同类型的公共活动特征与需求的差异性,兼顾公共活动节点、廊道和片区的综合性和主题性。

5.4.5 范围较大的框架性城市设计应与相应交通专项规划相协调。

5.4.7 应将环境可持续的目标、设计策略以及一系列与之配套的技术和方法应用于城市设计的全过程,并在空间形态、河流水系、景观环境、建筑布局、交通组织等各系统设计中统筹考虑风环境、水环境、声环境、热环境、防灾抗险和生态多样性等生态环境要素的影响。

5.5　设计深化

5.5.1 可通过节点深化为较为复杂的空间节点提供更为深入详细的研究与设计指引。

5.5.2 典型肌理与景观环境类型深化是典型性设计内容的重要组成部分。

5.6　实施衔接

5.6.1 实施单元应与开发实施相衔接。

6 实施性城市设计

6.1 一般规定

6.1.1 实施性城市设计的对象一般包括整体开发建设的街区、更新地区的大型项目、公共开放空间及周边地区、大型市政设施以及城市微更新等。

6.1.3 不同项目性质的实施性城市设计,其设计内容相差较大,本标准仅提供基本参照。

6.1.4 方案图包括平面图、立面图、剖面图与透视图等。可通过不同范围、不同比例的模型对不同设计内容进行表达。

6.2 分析研究

6.2.2 应充分关注项目本身与周边的联系,避免将项目孤立看待。

6.2.3 应通过关注使用者需求,使城市设计成为以人为中心的设计。

6.3 方案设计

6.3.1 实体空间与开放空间相辅相成,应通过建筑物、构筑物、树木等实体空间要素对开放空间形成有效界定。

6.3.2 空间关系相对独立、拟远期建设的建筑可进行概念性设计,预留设计弹性;办公建筑、住宅建筑可形成类型化方案;可结合实施性城市设计同步开展建筑方案研究,通过城市设计对建筑设计进行协调;规模较小的项目可结合建筑设计开展城市设计研究。

6.3.3 公共空间系统应与周边空间结构及公共活动组织相衔接;应注重布局合理性、层次丰富性、类型多样性与尺度宜人性。

6.3.5 街区交通系统主要设计内容包括完善街区道路及公共通道网络,合理布局各类出入口及落客、卸货、车辆停放场地;明确地块间立体交通衔接方式与建设要求。

6.3.6 在本市土地资源紧约束背景下,立体开发的意义愈发重要。

6.3.7 可在街区层面对消防流线组织与消防登高场地布局进行统筹安排。

6.4 实施衔接

6.4.3 实施机制保障建议包括明确相关建设主体的责任、设计深化和建设实施的协调机制等。